大理石与甲画欣赏

舒畅　庆云　编著

云南出版集团公司

云南美术出版社

图书在版编目（ＣＩＰ）数据

大理石天然画欣赏 / 舒畅，庆云编著. -- 昆明 ：云
南美术出版社，2011.12
ISBN 978-7-5489-0661-2

Ⅰ．①大… Ⅱ．①舒… ②庆… Ⅲ．①大理石－艺术
评论 Ⅳ．①TS933.21

中国版本图书馆CIP数据核字(2012)第000786号

责任编辑：肖　超　赵　婧
装帧设计：张　琦
封面题字：庆　云

大理石天然画欣赏

舒畅　庆云　编著

出版发行：云南出版集团公司
　　　　　云南美术出版社
制　　版：昆明墨源图文设计有限公司
印　　刷：昆明富新春彩色印务有限公司
开　　本：889mm×1194mm　1/16
印　　张：6.75
版　　次：2011年12月第1版
印　　次：2011年12月第1次印刷
印　　数：1～2000
ISBN：978-7-5489-0661-2
定　　价：198.00元

前 言

从小我就知道，大理石举世闻名。

大理坝子，东有洱海，西有苍山，大理石就产于苍山的东坡和西坡以及两峰夹一溪的溪流里。

东坡主要有"云灰石"、"汉白玉（苍山玉）"、"彩花石"、"水墨花石"等，其中采花石又分为"春花"、"秋花"、"青花"、"金镶玉"、"红牛角"、"黑牛角"……采花石的底板有"羊脂白"、"萝卜白"、"灰白"、"清白"……水墨花是极其珍贵的石种，它的花纹称为"坎"，有"眉毛坎"、"鱼鳞坎"、"铁坎"、"杂坎"之分，白底"眉毛坎"的水墨花是十分罕见、不可多得的珍稀石种。

西坡及坡脚的河底，盛产"河底石"，因其色彩鲜艳，酷似油画，所以也叫"油画石"。

另外，在坡脚还有一些花纹、图案非常美丽的杂石品种。

总之，大理石以石质细腻、花纹清晰、色彩丰富、图案美丽而著称于世。

大理石的生成，有若干亿年的历史，人类对大理石的开发，有几千年的历史，而大理石受到那些殷实人家、文人墨客、富商大贾、王公贵族乃至皇室的珍爱，也有几百年的历史了。

三百多年前的一天，见多识广的大旅行家徐霞客在大理见到了大理石天然画，非常喜爱，他在当天的游记里，做了这样的评价："故知造物之愈出愈奇，从此丹青一家，皆为俗笔，而画苑可废矣！"到了清朝，云贵总督阮元也对苍山有"此峰石坞产画石，丹青幻出山千重"的诗作。上世纪的郭沫若先生，更是在苍山的大理石上即兴挥毫，写下了"苍山韵风月，奇石吐云烟"的不朽佳句。

大理石天然画，就是把开采出来的大理石切片、打磨，裁取有效画面，使之成画。

聪明智慧的大理人，利用现代的技术和工艺，可以把每一块大理石每个角度截面展示出来，让大理石天然的、美丽的、千变万化的线条、色彩和图案进入人们的眼帘，让喜欢它的人能够尽情地欣赏它、拥有它、收藏它。

如果你想当画家，大理石天然画可以成就你的梦想。用你的文学修养、文化底蕴和艺术眼光，在大理石平面上对其天然的线条和色彩、图案进行角度的选择和模式的取舍，使之成画，你就是画家！

如果你想当大理石天然画的收藏家，你收藏的每一幅画，都是独一无二的传世佳作。你收藏了石画，也收藏了石缘；收藏了历史的永恒，也收藏了历史的瞬间；收藏了自然之美，也收藏了人文之美；收藏了艺术，也收藏了财富。你的收藏"石石在在、缘缘满满"，收藏价值妙不可言。

大理石天然画是天作画，人做主。只要你有兴趣成为它的主人，就可以对它进行任何的取舍，使之满足你的视觉享受，表达你的艺术追求，强调你的艺术主张。

还有一个值得一提的、非常有趣的现象：产于苍山西坡及河底的大理石天然画，因其主要靠色彩的搭配成画，酷似西洋画，所以叫"油画石"；而苍山东坡的大理石天然画，特别是"水墨花"，墨的韵味十足，完全是传统的中国山水画。西方和东方的绘画风格，竟然如此分明地呈现在苍山的东坡和西坡上，如此巧妙，妙不可言。

所以，大理石天然画是全人类的艺术瑰宝，是一朵永远不会凋谢的艺术奇葩。

庆云
2011年秋

目录

福到眼前..1

和平鸽、水平线..2

东方日出、前程似锦..3

洞天福地..4

福禄树、寿字图、报喜鸟..5

日将出也、含苞待放..6

风、花、雪、月..7

慈航普度..8

送子观音、童子拜观音、大石庵前花似锦..9

济公活佛、佛爷、佛光..10

邀月、钓雪..11

黄山风光..12

长江、两岸猿声、一江春水向东流..13

夏日千鹤、秋山清韵、冬雪迎春、春风杨柳..14

万水千山、金沙水拍、雪山千里、大渡桥横..15

报春图..16

林则徐、屈原、老子观云图、先哲老子..17

湖光山色、小桥流水..18

中国山水画..19

夸父追日、将军的风采、苍山守护神、大闹天宫..20

麒麟..21

舞、睁只眼闭只眼、拜年、笑看人生..22

航海、郑和下西洋..23

仙山琼阁、艳阳天..24

外婆的澎湖湾、海湾、海湾之夜..25

礁岛风情、金梭岛..26

目录

江岸风光..27

西游、东渡..28

老寿星..29

月白风清、赏霞听涛....................................30

富春山居图..31

山水间..32

小河淌水..33

梅里雪山..34

重峰叠嶂、离天三尺三..................................35

三江并流、茶马古道....................................36

芳草地..37

苍山雪..38

望夫云、观瀑、苍山玉带云..............................39

清碧溪、蝴蝶泉....................................40

海涛、风情岛、水过三湾................................41

泥牛入海有消息、山高人为峰、文笔入云霄................42

洱海波涛..43

归山虎、一山二虎、八面威风............................44

猴王拜师、猴王出山、猴头猴脸..........................45

灵猴戏影、猴子捞月亮、猴戏山泉........................46

点苍山..47

走出神农架、千里走单骑、百岁挂帅......................48

美髯公千里走单骑....................................49

待渡、河畔人家、诗仙..................................50

问道武当山、拜水都江堰................................51

云中马、神马都是浮云、麒麟............................52

哈巴狗、犬趣、藏獒...53

苍山大峡谷、深山逸趣...54

霜叶红于二月花、秋山...55

牧马人、牧马的女人、千里马...56

无限风光、金顶、水天两色...57

河畔、冰冻三尺...58

童趣...59

苍山飞出金凤凰、苍山烟云...60

北国风光、南国风情...61

史湘云醉卧牡丹园...62

佛影仙踪、阿拉伯王子、康巴汉子、牧归.........................63

孔雀公主、九天仙女、仙山神鸟...64

乌云挡不住太阳、月光曲、红云当头.................................65

仙居图、独秀峰...66

灵芝、小兔乖乖、玉兔...67

黑山白水、山水之恋、苍山云...68

乐在其中、云雾山中、水云居...69

皓月当空、饮水思源...70

发、漫画金花、问女何所思...71

双飞燕子、风和日丽、二月春风似剪刀.............................72

山脊、土地与山神...73

苍洱奇观、翠湖春晓...74

穷乡僻壤有春意...75

雀神怪鸟、天降红蝠、饿狼传说...76

钟馗、钟馗醉酒...77

玉水青山、彩虹桥...78

目录

梅花欢喜漫天雪、墨牡丹、映山红............79

玉树临风、玉树成林............80

龙腾盛世、盛世金龙、"龙"字图、独龙戏珠............81

神龟拜寿、龟趣............82

庐山真面目、山龟............83

苍山溪谷、花甸坝............84

江岸风光、林海雪原............85

执身如玉、金鼠............86

荷塘清趣............87

仙居图、鸟叫山、牧羊姑娘、白驹过隙............88

蛙趣、鹤趣、春江水暖鸭先知............89

水冷草不枯............90

山旮旯、豌豆菜开紫花............91

玉峰高远、涛声依旧............92

江南渔米乡............93

蓬莱仙踪............94

绿色家园、彩云之南............95

太阳山、有凤来仪、金雕、饿狼传说............96

水墨山水............97

龙王庙、清泉石上流............98

太白金星、一路杏花村............99

福到眼前（75cm×40cm）

和平鸽 （22cm×37cm）

善良的人民希望：战争远离，和平永驻！世界要和平，社会要公平！

水平线 （直径30cm）

山不平，路不平，水平。
要是一碗水，哪个端得平？
希望端水的人，把水端平。

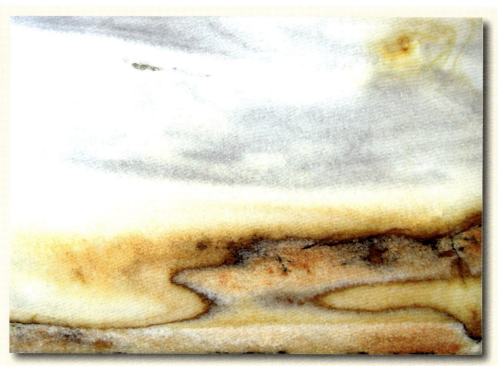

东方日出（22cm×31cm）（杨柏青藏品）

太阳从东方升起，祖国山河沐浴在明丽的晨光里。

前程似锦（78cm×110cm）

前程似锦，锦上添花。

3

洞天福地 （28cm×23cm）

山色空蒙，碧溪万象，盎然生机，令人神往。

水天一色，组成一首人与自然的交响曲。

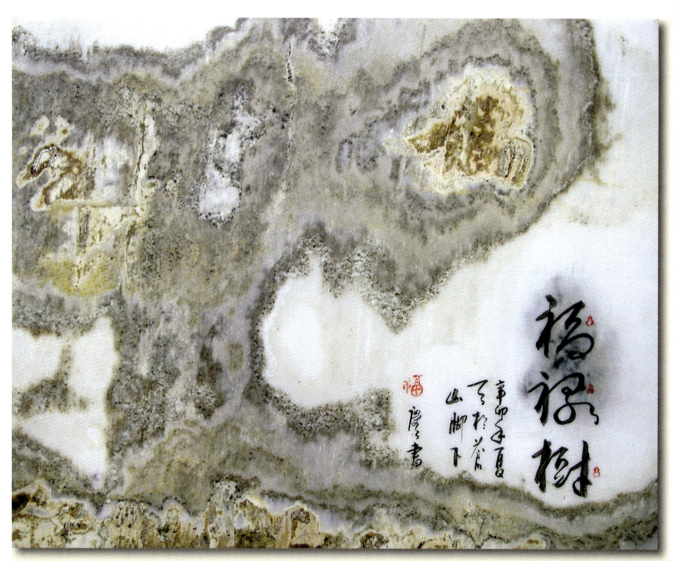

福禄树 （39cm×50cm）

寿字图 （直径22cm）

报喜鸟 （18cm×25cm）

日将出也（直径31cm）

苍茫大地，现出了曙光。
晴空万里，春雷在回响。

含苞待放（32cm×23cm）

好花开在深山里。

风（直径25cm）

花（45cm×30cm）

大理坝子，上有上关、下有下关、东
有洱海、西有苍山。

下关风吹上关花，苍山雪映洱海月。

雪（46cm×31cm）

月（30cm×25cm）

慈航普度 （31cm×21cm）

慈航普度 （直径28cm）

送子观音 （47cm×26cm）　　　　童子拜观音 （30cm×25cm）

大石庵前花似锦
（45cm×33cm）

负石阻兵佑百姓，

大石庵前花似锦。

济公活佛 （45cm×25cm）

佛爷 （30cm×20cm）

佛光 （30cm×18cm）

邀月 （18cm ×12cm）

花间一壶酒，独无相亲。
举杯邀明月，对影成三人。
　　　　——摘自《月下独酌》

钓雪 （23cm×18cm）

千山鸟飞绝，万径人踪灭。
孤舟蓑笠翁，独钓寒江雪。
　　　　——《江雪》

黄山风光（18cm×14cm）

万壑松涛凝翠黛，百里丹青涌清岚。

黄山风光（20cm×16cm）

长江（25cm×55cm）

滚滚长江东逝水，浪花淘尽英雄。

两岸猿声（20cm×49cm）

两岸猿声啼不住，轻舟已过万重山。

一江春水向东流（24cm×94cm）

夏日千鹤（30cm×80cm）

秋山清韵（25cm×40cm）

冬雪迎春（50cm×30cm）

春风杨柳（40cm×30cm）

万水千山（37cm×58cm）

金沙水拍（直径37cm）

雪山千里（直径28cm）

大渡桥横（18cm×44cm）

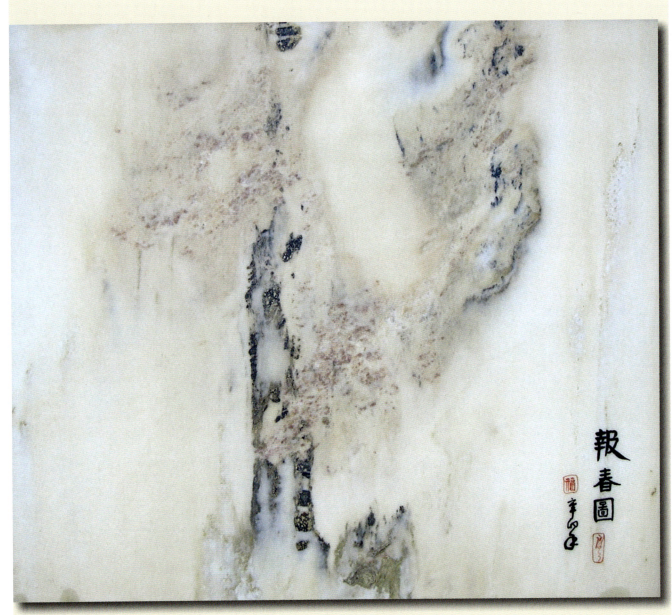

报春图（72cm×82cm）

风雨送春归，飞雪迎春到。

已是悬崖百丈冰，犹有花枝俏。

俏也不争春，只把春来报。

待到山花烂漫时，她在丛中笑。

　　　　　　　——毛主席诗词

屈原（28cm×20cm）

林则徐（直径27cm）

老子观云图（26cm×27cm）

先哲老子（25cm×20cm）

湖光山色（直径43cm）

苍山展姿依洱海，洱海开镜映苍山。

小桥流水（直径34cm）

脚步声由远而近，由近而远……路在脚下。

中国山水画
（96cm×60cm）

中国山水画
（100cm×76cm）

中国山水画
（100cm×76cm）

中国山水画
（90cm×60cm）

夸父追日（23cm×18cm）

苍山守护神（31cm×18cm）

将军的风采（24cm×17cm）

大闹天宫（30cm×23cm）

祥瑞麒麟（42cm×57cm）

神山出神兽，奇石结奇缘。

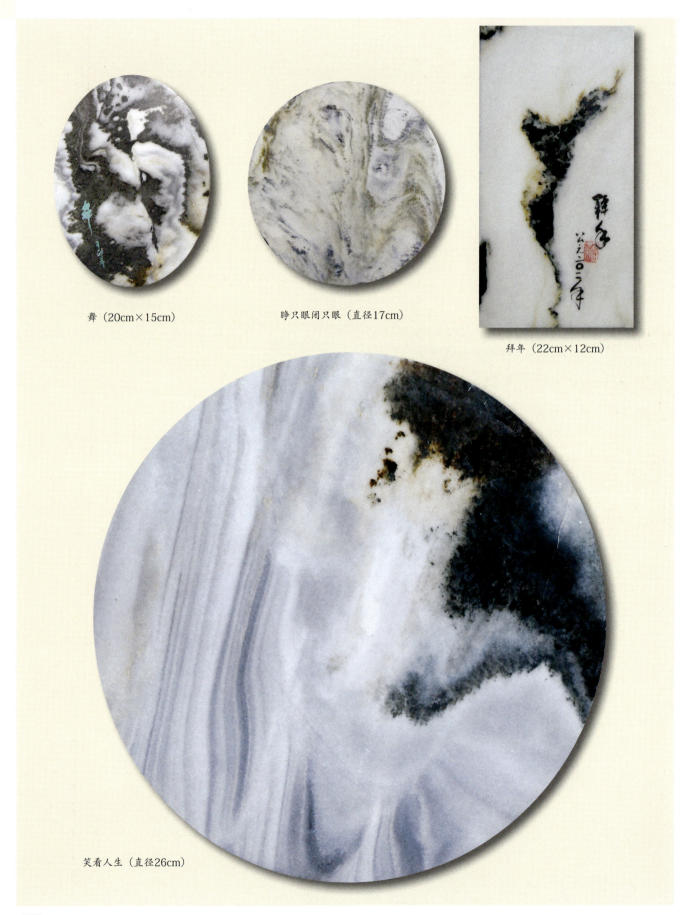

舞（20cm×15cm）

睁只眼闭只眼（直径17cm）

拜年（22cm×12cm）

笑看人生（直径26cm）

航海（15cm×29cm）

郑和下西洋（直径27cm）

仙山琼阁（直径50cm）

仙山琼阁（直径50cm）

艳阳天（25cm×18cm）

外婆的澎湖湾（36cm×52cm）

晚风轻拂着澎湖湾

白浪逐沙滩

没有椰林醉斜阳

只是一片海蓝蓝

坐在门前的矮墙上一遍遍回想

也是黄昏的沙滩上有着脚印两对半

那是外婆拄着杖将我手轻轻挽

踏着薄暮走向余晖暖暖的澎湖湾

一个脚印是笑语一串消磨许多时光

直到夜色吞没我俩在回家的路上

澎湖湾 澎湖湾 外婆的澎湖湾

有我许多的童年幻想

阳光 沙滩 海浪 仙人掌

还有一位老船长

——歌词

海湾（27cm×13cm）

海湾之夜（25cm×40cm）

礁岛风情（47cm×34cm）

清风无价，山水有情。

金梭岛（20cm×30cm）

江岸风光（20cm×52cm）

江岸风光（20cm×47cm）

西游（直径30cm）
你挑着担，我牵着马，
迎来日出，送走晚霞。

东渡（直径25cm）

老寿星（50cm×28cm）

老寿星（22cm×14cm）

月白风清（18cm×29cm）

赏霞听涛（直径26cm）

墨客览胜晚赏霞，

诗人怡情早听涛。

富春山居图（25cm×35cm）

山水间（21cm×28cm）

山水间（27cm×25cm）

小河淌水
（10cm×14cm）

小河淌水
（23cm×43cm）

小河淌水
（18cm×36cm）

温馨的小河，充满春的气息，
空气清新秀丽，韵味十足。

梅里雪山（26cm×21cm）

不是最高的山，但却是不
可以任人踩在脚下的山。

梅里雪山（70cm×30cm）

梅里雪山（22cm×62cm）

重峰叠嶂（直径21cm）

道可通天险，人能上青天。

离天三尺三（直径35cm）

三江并流（40cm×40cm）

三江并流，源远流长。

茶马古道（26cm×54cm）

一条山路，弯弯曲曲，向山外延伸。

芳草地（25cm×50cm）

芳草地（22cm×25cm）

芳草地（24cm×33cm）

清新，温馨，一草一木总是春。观者能品到诗意，
听到歌声，嗅到大自然的芬芳。看到人生的芳草地。

苍山雪（直径40cm）

晴雪远苍山，峰壑露峥嵘。
峻拔的山峦，气势苍茫，
深谷危径，境界清幽。

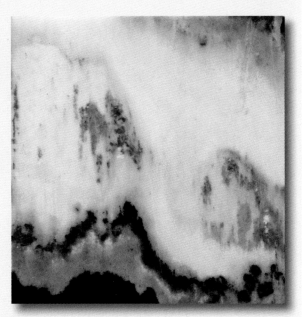

苍山雪（20cm×20cm）

苍山雪（32cm×60cm）

望夫云（25cm×35cm）

观瀑（30cm ×20cm）

日照香炉生紫烟，遥看瀑布挂前川。
飞流直下三千尺，疑是银河落九天。
——《望庐山瀑布》

苍山玉带云（60cm×40cm）

清碧溪（34cm×21cm）

坚硬的山岩，屹立在经年不化的积雪之上。

一丝一丝的绿，是春天的信息，积雪终于化水。

白雪与水和坚硬的黑山岩，对比出阳刚大美。

大理三月好风光，蝴蝶泉边好梳妆。

蝴蝶飞来采花蜜，阿妹梳头为哪般？

——歌词

蝴蝶泉（19cm×25cm）

海涛（直径26cm）

海纳百川呈瑞形，天开万里醉春风。

风情岛（30cm×60cm）

水过三湾（20cm×50cm）

泥牛入海有消息（40cm×40cm）

山高人为峰（直径42cm）

文笔入云霄（20cm×40cm）

洱海波涛（20cm×20cm）

洱海波涛（18cm×15cm）

洱海波涛（20cm×42cm）

一山二虎（直径20cm）

呼啸丛林，威震八方。

八面威风（45cm×30cm）

归山虎（25cm×20cm）

猴王拜师 (14cm×25cm)

猴王出山 (25cm×18cm)

猴头猴脸 (直径25cm)

灵猴戏影（直径26cm）

猴子捞月亮（20cm×14cm）

猴戏山泉（46cm×31cm）

黑山白水，猴在其中

点苍山（35cm×50cm）

绿树奇峰，曲径香草，山清气岚，大云写韵。

点苍山（40cm×60cm）

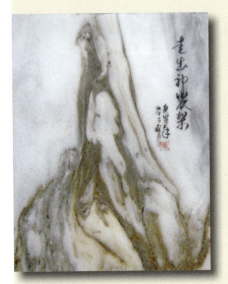

走出神农架（25cm×20cm）

千里走单骑（24cm×13cm）

百岁挂帅（28cm×17cm）

美髯公千里走单骑
（64cm×37cm）

待渡（17cm×12cm）

河畔人家（20cm×20cm）

诗仙（20cm×30cm）

问道武当山（直径30cm）

拜水都江堰（26cm×54cm）

云中马（20cm×33cm）

神马都是浮云（直径30cm）

麒麟（20cm×30cm）

哈巴狗（17cm×27cm）

犬趣（19cm×26cm）

藏獒（18cm×20cm）

苍山大峡谷（32cm×65cm）

绿水青山风景这边独好，祥云瑞气沐福斯地更佳。

深山逸趣（13cm×22cm）

深山有逸趣，苍崖凌紫烟。
远峰落天半，中有飞来泉。

——古诗

霜叶红于二月花（直径50cm）

苍山秋韵七分美，落日余晖四色光。

秋山（18cm×18cm）

晚霞未消逝，秋山无限美。

牧马人（24cm ×17cm）　　　　　　牧马的女人（24cm ×17cm）

千里马（33cm×22cm）

千里马常有而伯乐不常有。

无限风光（直径26cm）

金顶（直径27cm）

水天两色（17cm×28cm）

河畔（直径30cm）

冰冻三尺（30cm×50cm）

童趣（直径25cm）

童趣（17cm×17cm）

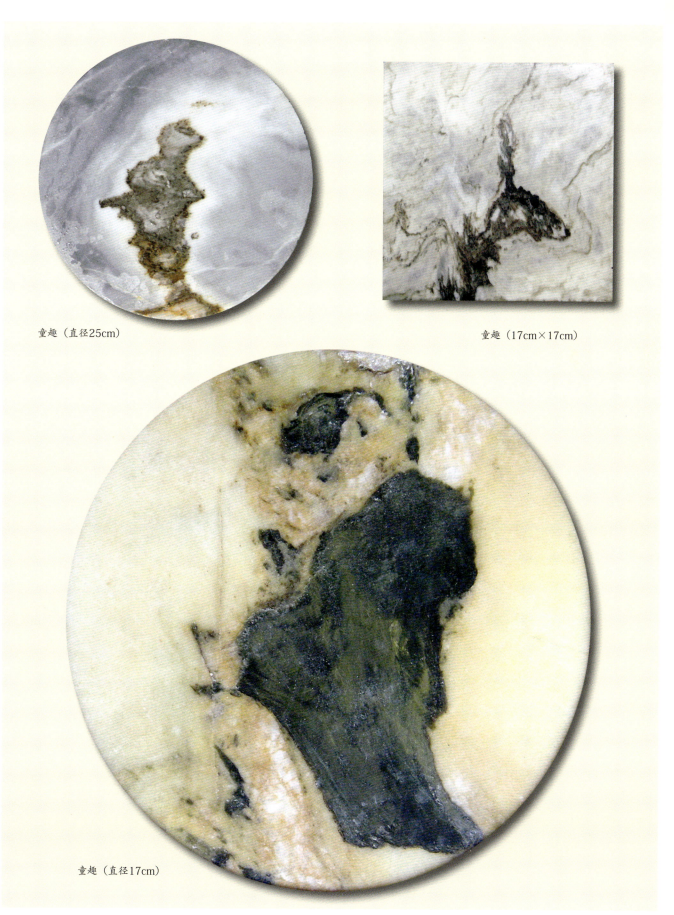

童趣（直径17cm）

苍山飞出金凤凰（22cm×49cm）

苍山烟云（22cm×40cm）

北国风光（22cm×40cm）

北国风光，千里冰封，万里飘雪。

南国风情（25cm×35cm）

日丽天青潭影静，花馥风馨泉弄琴。

史湘云醉卧牡丹园 （78cm×80cm）

群峰绵延显画意，碧岭飘香动诗情。

佛影仙踪（32cm×52cm）

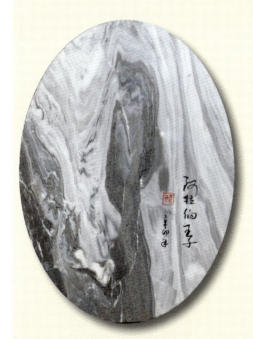

阿拉伯王子（28cm×20cm）

康巴汉子（36cm×24cm）

牧归（45cm×25cm）

孔雀公主（22cm×27cm）

雍容华贵，美丽动人而又不显山露水。

九天仙女（20cm×30cm）

仙山神鸟（30cm×50cm）

乌云挡不住太阳（30cm×60cm）

风入苍山涛惊鹤，水归洱海泉弄琴。

月光曲（直径26cm）

红云当头（直径26cm）

雪映苍山干岭秀，月笼洱海万家春。

仙居图（23cm×14cm）

何处登绝顶？此处觅仙踪。

独秀峰（45cm×23cm）

水映苍峰，翠掩碧溪。

灵芝（30cm×18cm）

小兔乖乖（25cm×35cm）

玉兔（直径30cm）

黑山白水（直径30cm）

闲来小坐听飞雨，乐到无归叹大观。

山水之恋（33cm×44cm）

湖恋卷山影，峰投洱海心。

苍山云（20cm×30cm）

万里云霞辉胜境，千年雨露润苍山。

乐在其中（25cm×20cm）

春钓雨雾夏钓草，秋钓黄昏冬钓早。

云雾山中（50cm×30cm）

水云居（14cm×32cm）

皓月当空（25cm×44cm）

皓月当空，明波洗夜。

饮水思源（22cm×35cm）

水墨相融，源远流长。

发（直径18cm）
古典，端庄，自然，
含蓄，真美人也。

漫画金花（直径20cm）

问女何所思（48cm×20cm）

双飞燕子（15cm×20cm）

小燕子，穿花衣，年年春天来这里。我问燕子你为啥来，燕子说，这里的春天最美丽。——歌词

二月春风似剪刀（20cm×30cm）

风和日丽（直径43cm）

阳光照耀着小山庄，盎然生机令人神驰心往。

山脊（直径30cm）

酷似点苍山兰峰与
雪人峰之间的山脊，
是苍洱大地的脊梁。

土地与山神（35cm×25cm）

山脊（24cm×48cm）

苍洱奇观（22cm×43cm）

洱海濒临，点点金光浮碧水，

苍山仰止，竿竿绿竹染青峰。

翠湖春晓（直径28cm）

穷乡僻壤有春意（40cm×16cm）

穷乡僻壤有春意（40cm×40cm）

穷乡僻壤有春意（直径30cm）

雀神怪鸟（41cm×60cm）

天降红蝠（直径26cm）

饿狼传说（17cm×17cm）

钟馗（40cm×25cm）

钟馗醉酒（30cm×25cm）

玉水青山（直径30cm）

云开望叠峰，雨过听溪鸣。

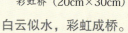

彩虹桥（20cm×30cm）

白云似水，彩虹成桥。

梅花欢喜漫天雪（直径40cm）

遥知不是雪，为有暗香来。

墨牡丹（47cm×24cm）　　　　　映山红（60cm×32cm）

玉树临风
（50cm×33cm）

玉树成林
（48cm×27cm）

龙腾盛世（直径30cm）

盛世金龙（直径30cm）

"龙"字图（40cm×30cm）

独龙戏珠（28cm×45cm）

神龟拜寿（直径27cm）

龟趣（直径30cm）

庐山真面目 （41cm×57cm）

横看成岭侧成峰，远近高低各不同。不识庐山真面目，只缘身在此山中。

——《题西林壁》

山龟 （40cm×22cm）

苍山溪谷（16cm×40cm）

山间小溪潺潺而下，苍老中见清逸。山乡的古朴给人以轻松的感受。

花甸坝（直径30cm）

江岸风光（17cm×57cm）

溪流萦绕，山峦峻厚，江水迂回，柳岸延伸。

林海雪原（19cm×44cm）

千秋画境，万里江山。

执身如玉（40cm×14cm）

金鼠（直径18cm）

荷塘清趣
（30cm×20cm）

花大叶大，老而不残，
恣意怅然，别有情趣。

荷塘清趣
（直径20cm）

荷塘清趣
（20cm×20cm）

牧羊姑娘（24cm×20cm）

仙居图（直径30cm）

雾绕云缠涧壑深，树大林苍山峦美。

白驹过隙（直径28cm）

鸟叫山（15cm×25cm）

蛙趣（16cm×20cm）

鹤趣（18cm×14cm）

春江水暖鸭先知（24cm×39cm）

水冷草不枯（15cm×17cm）

水冷草不枯（20cm×40cm）

水冷草不枯（25cm×40cm）

山旮旯（直径28cm）

山旮旯（20cm×45cm）

豌豆菜，开紫花，我娘养我小冤家，高门大户不把我给，把我给在山旮旯。人家坐的是高板凳，我们坐的是冷地下。人家吃的是白米饭，我们吃的是苦荞粑。人家烧的是黄梨柴，我们烧的是刺篱笆。人家穿的是绫罗绸，我们穿的是麻布衫。日日听见老鸦叫，夜夜听见山水响。公又打，婆又骂，小小丈夫扭头发。卖油大哥等等我，买张白纸写黑字，千急带到我娘家。

——古谣《山旮旯》

豌豆菜开紫花（37cm×13cm）

玉峰高远（直径28cm）

何处览胜，直上莲花佛顶，
此间探奇，勇登白云境界。

涛声依旧（直径28cm）

碧水波光天外接，苍峰雪景水上观。

江南渔米乡（58cm×21cm）

江南渔米乡（47cm×17cm）

蓬莱仙踪（直径52cm）

蓬莱仙踪（直径40cm）

绿色家园（80cm×40cm）

远离城镇的喧嚣，远离世俗的困扰，身心的栖息地。

彩云之南（50cm×70cm）

太阳山（直径30cm）

金雕（25cm×20cm）

饿狼传说（30cm×30cm）

有凤来仪（42cm×19cm）

水墨山水（25cm×20cm）

水墨山水（40cm×20cm）

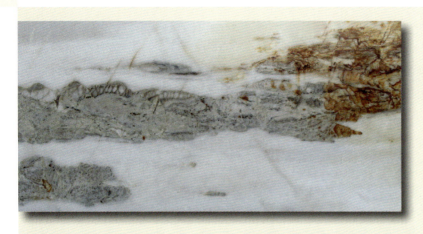

龙王庙（25cm×40cm）

清泉石上流（28cm×18cm）

空山新雨后，天气晚来秋；
明月松间照，清泉石上流。

　　　　　——古诗

太白金星（95cm×180cm）

一路杏花村（95cm×180cm）

后 语

　　山美、水美、大理石天然画最美。五花八门的石种、绚丽夺目的色彩、千变万化的花纹，能让你感受到不同画类的风格，满足你的审美情趣。

　　清风无价，山水有情，石画也是有情的，而且是真情。它能让你喜爱、让你牵挂、让你感动；与你沟通、与你交流、与你的思想产生共鸣。

　　我喜欢大理石天然画。喜欢欣赏，喜欢收藏，但更喜欢从欣赏到收藏的全过程——与石交流、与石沟通、指手画脚、随心所欲……虽然辛苦，却十分享受，乐在其中，乐此不疲。

　　年轻的朋友不可能有我辈的经历。我是一个从小被人"指手划脚"的人，学龄前，被父母"指手划脚"；学生时代，被老师"指手划脚"；上山下乡，被贫下中农"指手划脚"；工作了，坐办公室了，仍然被领导和领导的领导"指手划脚"，从参加工作到退休，连个兵头将尾的小组长都想对本人"指手划脚"。幸好，只是被人当面"指手划脚"，而不是被人背后"指指戳戳"。这当然要感谢父母的"指手划脚"，同时也感谢所有的人，谢谢"指手划脚"。

　　自从走近大理石天然画，当家做主的感觉油然而生，因为可以对它"指手画脚"。

　　还有一点人生的感悟：进入大理石天然画的世界，给我一种跳出三界外的感觉。回头看看自己曾经走过的路，重新思考路上的那些"坎坎坷坷"、"是是非非"、"恩恩怨怨"，觉得自己以前简直就是一只忙出忙进的小蚂蚁，而现在则可以算是一个欣赏蚂蚁的人。

　　雨果曾经说过一句话："生活既非目的，亦非手段，生活是一种权利。"我们好不容易活着的人，就要伸张这种权利。老朋友们，年轻的朋友们，要学会生活，欣赏美，欣赏人生，欣赏一切。不要扮演蚂蚁的角色了，尝尝做人的滋味吧。

　　石不能言最可人。

庆云
写于2011年深秋